il divertimento della lotta
Di;johan doltan

# Capitolo

# 1 Piani di posa

1. Sun Tzu disse: L'arte della guerra è di vitale importanza per lo Stato.
2. È una questione di vita o di morte, una strada verso la salvezza o verso la rovina. Si tratta quindi di un argomento di indagine che non può in nessun caso essere trascurato.
3. L'arte della guerra, quindi, è governata da cinque fattori costanti, di cui tener conto nelle proprie deliberazioni, quando si cerca di determinare le condizioni che si verificano sul campo.
4. Questi sono: (1) la legge morale; (2) Cielo; (3) Terra; (4) il Comandante; (5) metodo e disciplina.
5. *La legge morale* fa sì che le persone siano in completo accordo con il loro sovrano, in modo che lo seguano indipendentemente dalla loro vita, imperturbabili da qualsiasi pericolo.
6. *Il cielo* significa notte e giorno, freddo e caldo, tempi e stagioni.
7. *La Terra* comprende distanze, grandi e piccole; pericolo e sicurezza; terreni aperti e passaggi stretti; le possibilità di vita e di morte.
8. *Il Comandante* rappresenta le virtù di saggezza, sincerità, benevolenza, coraggio e severità.
9. Per *metodo e disciplina* si intendono lo schieramento dell'esercito nelle sue proprie suddivisioni, le graduazioni di grado tra gli ufficiali, la manutenzione delle strade attraverso le quali i rifornimenti possono raggiungere l'esercito e il controllo delle spese militari.
10. Queste cinque teste dovrebbero essere familiari ad ogni generale: chi le conosce sarà vittorioso; chi non li conosce fallirà.
11. Pertanto, nelle vostre deliberazioni, cercando di determinare le condizioni militari, lasciate che esse siano poste a base di un confronto, in questo modo:
12. (1) Quale dei due sovrani è imbevuto della Legge Morale?

(2) Quale dei due generali ha più abilità?

(3) A chi appartengono i vantaggi derivati dal Cielo e dalla Terra?

(4) Da quale parte la disciplina è applicata più rigorosamente?

(5) Quale esercito è più forte?

(6) Da quale parte gli ufficiali e gli uomini sono più altamente addestrati?

(7) In quale esercito c'è la maggiore costanza sia nella ricompensa che nella punizione?

13. Per mezzo di queste sette considerazioni posso prevedere la vittoria o la sconfitta.
14. Il generale che dà ascolto al mio consiglio e agisce di conseguenza, vincerà: - lascia che un tale sia mantenuto al comando! Il generale che non dà ascolto al mio consiglio né agisce in base ad esso, subirà la sconfitta: - lascia che un tale sia congedato!
15. Mentre ascolti l'utilità del mio consiglio, approfitta anche di ogni circostanza utile oltre le regole ordinarie.
16. Secondo le circostanze favorevoli, si dovrebbero modificare i propri piani.
17. tutta la guerra è basata sull'inganno.
18. Quindi, quando siamo in grado di attaccare, dobbiamo sembrare incapaci; quando usiamo le nostre forze, dobbiamo sembrare inattivi; quando siamo vicini, dobbiamo far credere al nemico che siamo lontani; quando siamo lontani, dobbiamo fargli credere che siamo vicini.
19. Tieni le esche per attirare il nemico. Fingi il disordine e schiaccialo.
20. Se è sicuro in tutti i punti, sii preparato per lui. Se ha una forza superiore, evitalo.
21. Se il tuo avversario è collerico, cerca di irritarlo. Fingere di essere debole, che possa diventare arrogante.
22. Se si sta rilassando, non dargli riposo. Se le sue forze sono unite, separale.
23. Attaccalo dove non è preparato, appari dove non ti aspetti.
24. Questi dispositivi militari, che portano alla vittoria, non devono essere divulgati in anticipo.

25. Ora il generale che vince una battaglia fa molti calcoli nel suo tempio prima che la battaglia sia combattuta. Il generale che perde una battaglia fa pochi calcoli in anticipo. Così molti calcoli portano alla vittoria e pochi calcoli alla sconfitta: quanto più nessun calcolo! È prestando attenzione a questo punto che posso prevedere chi è probabile che vinca o perda.

# Capitolo

# 2 Fare la guerra

1. Sun Tzu disse: Nelle operazioni di guerra, dove ci sono sul campo mille carri veloci, altrettanti carri pesanti, e centomila soldati vestiti di maglia, con provviste sufficienti per portarli a mille Li, la spesa a casa e al fronte, compreso l'intrattenimento degli ospiti, le piccole cose come colla e vernice, e le somme spese per carri e armature, raggiungeranno il totale di mille once d'argento al giorno. Tale è il costo per radunare un esercito di 100.000 uomini.

2. Quando ti impegni in un vero combattimento, se la vittoria tarda ad arrivare, allora le armi degli uomini diventeranno noiose e il loro ardore sarà smorzato. Se assedi una città, esaurirai le tue forze.

3. Ancora una volta, se la campagna si protrarrà, le risorse dello Stato non saranno all'altezza dello sforzo.

4. Ora, quando le tue armi saranno smussate, il tuo ardore smorzato, la tua forza esaurita e il tuo tesoro esaurito, altri capi sorgeranno per approfittare della tua estremità. Allora nessun uomo, per quanto saggio, potrà evitare le conseguenze che devono derivarne.

5. Così, sebbene abbiamo sentito parlare di stupida fretta in guerra, l'intelligenza non è mai stata vista associata a lunghi ritardi.

6. Non esiste un caso in cui un paese abbia beneficiato di una guerra prolungata.

7. È solo chi conosce a fondo i mali della guerra che può comprendere a fondo il modo redditizio di portarla avanti.

8. Il soldato abile non riscuote una seconda leva, né i suoi carri di rifornimento vengono caricati più di due volte.

9. Porta con te materiale bellico da casa, ma cerca il nemico. Così l'esercito avrà cibo sufficiente per i suoi bisogni.

10. La povertà dell'erario dello Stato fa sì che un esercito si mantenga con contributi a distanza. Contribuire a mantenere a distanza un esercito impoverisce il popolo.

11. D'altra parte, la vicinanza di un esercito fa salire i prezzi; e i prezzi elevati fanno prosciugare le sostanze della gente.

12. Quando la loro sostanza sarà prosciugata, i contadini saranno afflitti da pesanti esazioni.

13. Con questa perdita di sostanza e l'esaurimento delle forze, le case del popolo saranno spogliate e i tre decimi del loro reddito saranno dissipati; mentre le spese del governo per carri rotti, cavalli logori, corazze ed elmi, archi e frecce, lance e scudi, mantelli protettivi, buoi da tiro e carri pesanti, ammonteranno a quattro decimi delle sue entrate totali.

14. Quindi un saggio generale fa un punto di foraggiamento sul nemico. Un carretto delle provviste del nemico equivale a venti delle proprie, e allo stesso modo un solo picul della sua provvista equivale a venti del proprio magazzino.

15. Ora, per uccidere il nemico, i nostri uomini devono essere eccitati all'ira; affinché possa esserci vantaggio dalla sconfitta del nemico, devono avere le loro ricompense.

16. Perciò nel combattimento con i carri, quando sono stati presi dieci o più carri, dovrebbero essere ricompensati quelli che hanno preso il primo. Le nostre bandiere dovrebbero essere sostituite da quelle del nemico, e i carri mescolati e usati insieme ai nostri. I soldati catturati dovrebbero essere trattati con gentilezza e tenuti.

17. Questo si chiama usare il nemico vinto per aumentare la propria forza.

18. In guerra, quindi, lascia che il tuo grande obiettivo sia la vittoria, non lunghe campagne.

19. Così si può sapere che il capo degli eserciti è l'arbitro del destino del popolo, l'uomo da cui dipende se la nazione sarà in pace o in pericolo.

# Capitolo

# 3 Attacco con Stratagemma

1. Sun Tzu disse: Nell'arte pratica della guerra, la cosa migliore di tutte è prendere il paese del nemico intero e intatto; frantumarlo e distruggerlo non è così buono. Allo stesso modo è meglio catturare un intero esercito che distruggerlo, catturare un reggimento, un distaccamento o una compagnia intera piuttosto che distruggerli.

2. Quindi combattere e vincere in tutte le tue battaglie non è suprema eccellenza; l'eccellenza suprema consiste nello spezzare la resistenza del nemico senza combattere.

3. Quindi la più alta forma di comando è ostacolare i piani del nemico; il secondo migliore è impedire l'unione delle forze nemiche; il prossimo in ordine è attaccare l'esercito del nemico sul campo; e la peggiore politica di tutte è quella di assediare le città murate.

4. La regola è di non assediare le città murate se può essere evitato. La preparazione dei mantelli, dei ricoveri mobili e dei vari arnesi di guerra richiederà tre interi mesi; e ci vorranno altri tre mesi per elevare i cumuli contro le mura.

5. Il generale, incapace di controllare la sua irritazione, lancerà i suoi uomini all'assalto come formiche sciamanti, con il risultato che un terzo dei suoi uomini viene ucciso, mentre la città rimane ancora inesplorata. Tali sono gli effetti disastrosi di un assedio.

6. Perciò l'abile condottiero sottomette le truppe nemiche senza combattere; cattura le loro città senza assediarle; rovescia il loro regno senza lunghe operazioni sul campo.

7. Con le sue forze intatte disputerà il dominio dell'Impero, e così, senza perdere un uomo, il suo trionfo sarà completo. Questo è il metodo per attaccare con uno stratagemma.

8. È regola in guerra, se le nostre forze sono dieci contro quella del nemico, circondarlo; se cinque contro uno, per attaccarlo; se due volte più numerosi, per dividere in due il nostro esercito.

9. Se equamente abbinati, possiamo offrire battaglia; se di numero leggermente inferiore, possiamo evitare il nemico; se del tutto disuguali in ogni modo, possiamo fuggire da lui.

10. Quindi, sebbene una lotta ostinata possa essere fatta da una piccola forza, alla fine deve essere catturata dalla forza maggiore.

11. Ora il generale è il baluardo dello Stato; se il baluardo è completo in ogni punto, lo Stato sarà forte; se il baluardo è difettoso, lo Stato sarà debole.

12. Ci sono tre modi in cui un sovrano può portare sfortuna al suo esercito:

13. (1) Ordinando all'esercito di avanzare o di ritirarsi, ignorando il fatto che non può obbedire. Questo si chiama zoppicare l'esercito.

14. (2) Tentando di governare un esercito nello stesso modo in cui amministra un regno, ignorando le condizioni che si verificano in un esercito. Ciò provoca irrequietezza nella mente del soldato.

15. (3) Impiegando gli ufficiali del suo esercito senza discriminazione, ignorando il principio militare dell'adattamento alle circostanze. Questo scuote la fiducia dei soldati.

16. Ma quando l'esercito è irrequieto e diffidente, i guai arriveranno sicuramente dagli altri principi feudali. Questo significa semplicemente portare l'anarchia nell'esercito e gettare via la vittoria.

17. Quindi possiamo sapere che ci sono cinque elementi essenziali per la vittoria:

(1) Vincerà chissà quando combattere e quando non combattere.

(2) Vincerà chi sa gestire sia forze superiori che inferiori.

(3) Vincerà il cui esercito è animato dallo stesso spirito in tutte le sue file.

(4) Vincerà chi, preparatosi, attende di cogliere impreparato il nemico.

(5) Vincerà chi ha capacità militare e non subisce interferenze da parte del sovrano.

La vittoria sta nella conoscenza di questi cinque punti.

18. Da qui il detto: Se conosci il nemico e conosci te stesso, non devi temere il risultato di cento battaglie. Se conosci te stesso ma non il nemico, per ogni vittoria ottenuta subirai anche una sconfitta. Se non conosci né il nemico né te stesso, soccomberai in ogni battaglia.

# Capitolo

## 4 Disposizioni tattiche

1. Sun Tzu ha detto: I buoni combattenti del passato prima si sono messi al di là della possibilità di sconfitta, e poi hanno aspettato un'opportunità per sconfiggere il nemico.
2. Proteggerci dalla sconfitta è nelle nostre mani, ma l'opportunità di sconfiggere il nemico ci viene fornita dal nemico stesso.
3. Così il buon combattente è in grado di proteggersi dalla sconfitta, ma non può assicurarsi di sconfiggere il nemico.
4. Da qui il detto: Si può *saper* vincere senza saperlo *fare*.
5. La sicurezza contro la sconfitta implica tattiche difensive; capacità di sconfiggere il nemico significa prendere l'offensiva.
6. Stare sulla difensiva indica una forza insufficiente; attaccante, una sovrabbondanza di forza.
7. Il generale abile nella difesa si nasconde nei più segreti recessi della terra; chi è abile nell'attacco balena dall'alto dei cieli. Così da un lato abbiamo la capacità di proteggerci; dall'altro, una vittoria che è completa.
8. Vedere la vittoria solo quando è alla portata del gregge comune non è l'apice dell'eccellenza.
9. Né è l'apice dell'eccellenza se combatti e vinci e l'intero Impero dice: "Ben fatto!"
10. Sollevare un capello autunnale non è segno di grande forza; vedere il sole e la luna non è segno di vista acuta; sentire il rumore del tuono non è segno di un orecchio pronto.
11. Quello che gli antichi chiamavano un combattente intelligente è colui che non solo vince, ma eccelle nel vincere con facilità.
12. Quindi le sue vittorie non gli danno né fama di saggezza né merito di coraggio.
13. Vince le sue battaglie senza commettere errori. Non sbagliare è ciò che stabilisce la certezza della vittoria, perché significa vincere un nemico già sconfitto.
14. Quindi l'abile combattente si mette in una posizione che rende impossibile la sconfitta e non perde il momento di sconfiggere il nemico.
15. È così che in guerra lo stratega vittorioso cerca la battaglia solo dopo che la vittoria è stata ottenuta, mentre colui che è destinato a sconfiggere prima combatte e poi cerca la vittoria.
16. Il leader consumato coltiva la Legge Morale e aderisce strettamente al metodo e alla disciplina; quindi è in suo potere controllare il successo.
17. Per quanto riguarda il metodo militare, abbiamo, in primo luogo, la misurazione; in secondo luogo, Stima della quantità; terzo, Calcolo; quarto, bilanciamento delle possibilità; quinto, Vittoria.
18. La misurazione deve la sua esistenza alla Terra; Stima della quantità alla misurazione; Calcolo alla stima della quantità; Bilanciamento delle possibilità a Calcolo; e Vittoria al bilanciamento delle possibilità.
19. Un esercito vittorioso opposto a uno sconfitto, è come il peso di una libbra posto sulla bilancia contro un solo grano.
20. L'assalto di una forza vittoriosa è come lo scoppio di acque represse in un abisso profondo mille braccia. Alla faccia delle disposizioni tattiche.

# Capitolo

# 5 Energia

1. Sun Tzu ha detto: Il controllo di una grande forza è lo stesso in linea di principio del controllo di pochi uomini: si tratta semplicemente di dividere il loro numero.
2. Combattere con un grande esercito sotto il tuo comando non è affatto diverso dal combattere con uno piccolo: si tratta semplicemente di istituire segni e segnali.
3. Per garantire che tutto il tuo esercito possa resistere al peso dell'attacco del nemico e rimanere incrollabile, questo viene effettuato con manovre dirette e indirette.
4. Che l'impatto del tuo esercito possa essere come una mola contro un uovo - questo è effettuato dalla scienza dei punti deboli e forti.
5. In tutti i combattimenti, il metodo diretto può essere utilizzato per unirsi alla battaglia, ma saranno necessari metodi indiretti per assicurarsi la vittoria.
6. Le tattiche indirette, applicate con efficacia, sono inesauribili come il Cielo e la Terra, interminabili come il flusso di fiumi e torrenti; come il sole e la luna, finiscono solo per ricominciare; come le quattro stagioni, passano per tornare ancora una volta.
7. Non ci sono più di cinque note musicali, eppure le combinazioni di queste cinque danno origine a più melodie di quante se ne possano mai sentire.
8. Non ci sono più di cinque colori primari, eppure in combinazione producono più sfumature di quante se ne siano mai viste.
9. Non ci sono più di cinque gusti cardinali, eppure le loro combinazioni producono più sapori di quanti ne possano mai essere assaggiati.
10. In battaglia non ci sono più di due metodi di attacco: il diretto e l'indiretto; eppure questi due in combinazione danno luogo a una serie infinita di manovre.
11. Il diretto e l'indiretto si riconducono a vicenda. È come muoversi in cerchio: non arrivi mai alla fine. Chi può esaurire le possibilità della loro combinazione?
12. L'arrivo delle truppe è come l'impeto di un torrente che fa rotolare anche pietre nel suo corso.
13. La qualità della decisione è come il colpo tempestivo di un falco che gli consente di colpire e distruggere la sua vittima.
14. Perciò il buon combattente sarà terribile nel suo esordio e pronto nella sua decisione.
15. L'energia può essere paragonata alla piegatura di una balestra; decisione, al rilascio di un grilletto.
16. In mezzo al tumulto e al tumulto della battaglia, può esserci un apparente disordine e tuttavia nessun vero disordine; in mezzo alla confusione e al caos, il tuo schieramento potrebbe essere senza capo né coda, ma sarà a prova di sconfitta.
17. Il disordine simulato postula una disciplina perfetta; la paura simulata postula il coraggio; la debolezza simulata postula la forza.
18. Nascondere l'ordine sotto il mantello del disordine è semplicemente una questione di suddivisione; celare il coraggio sotto un'ostentazione di timidezza presuppone una riserva di energia latente; mascherare la forza con la debolezza deve essere effettuato da disposizioni tattiche.
19. Così colui che è abile nel tenere in movimento il nemico mantiene delle apparenze ingannevoli, secondo le quali il nemico agirà. Sacrifica qualcosa, affinché il nemico possa strapparglielo.
20. Tenendo le esche, lo tiene in marcia; poi con un corpo di uomini scelti lo aspetta.
21. Il combattente intelligente guarda all'effetto dell'energia combinata e non richiede troppo dagli individui. Da qui la sua capacità di scegliere gli uomini giusti e di utilizzare l'energia combinata.

22. Quando utilizza l'energia combinata, i suoi combattenti diventano come se rotolassero tronchi o pietre. Perché è la natura di un tronco o di una pietra rimanere immobile su un terreno piano e muoversi quando è su un pendio; se a quattro punte, per fermarsi, ma se di forma rotonda, per rotolare giù.
23. Così l'energia sviluppata dai bravi combattenti è come lo slancio di una pietra rotonda rotolata giù da una montagna alta migliaia di piedi. Tanto in tema di energia.

# Capitolo

# 6 Punti deboli e forti

1. Sun Tzu ha detto: Chi è il primo sul campo e attende l'arrivo del nemico, sarà fresco per il combattimento; chi è secondo in campo e deve affrettarsi a combattere arriverà sfinito.

2. Perciò il combattente abile impone la sua volontà al nemico, ma non si lascia imporre la volontà del nemico.

3. Offrendogli vantaggi, può far avvicinare il nemico di propria iniziativa; oppure, infliggendo danni, può impedire al nemico di avvicinarsi.

4. Se il nemico si sta rilassando, può molestarlo; se ben rifornito di cibo, può farlo morire di fame; se tranquillamente accampato, può costringerlo a muoversi.

5. Apparire nei punti che il nemico deve affrettarsi a difendere; marcia rapidamente verso luoghi dove non sei atteso.

6. Un esercito può marciare per grandi distanze senza difficoltà, se marcia attraverso un paese dove non c'è il nemico.

7. Puoi essere sicuro di riuscire nei tuoi attacchi se attacchi solo luoghi indifesi. Puoi garantire la sicurezza della tua difesa se mantieni solo posizioni che non possono essere attaccate.

8. Quindi quel generale è abile nell'attaccare, il cui avversario non sa cosa difendere; ed è abile in difesa il cui avversario non sa cosa attaccare.

9. O arte divina della sottigliezza e del segreto! Attraverso di te impariamo ad essere invisibili, attraverso di te impercettibili; e quindi possiamo tenere nelle nostre mani il destino del nemico.

10. Puoi avanzare ed essere assolutamente irresistibile, se fai leva sui punti deboli del nemico; puoi ritirarti ed essere al sicuro dall'inseguimento se i tuoi movimenti sono più rapidi di quelli del nemico.

11. Se vogliamo combattere, il nemico può essere costretto a uno scontro anche se si trova al riparo dietro un alto bastione e un profondo fossato. Tutto quello che dobbiamo fare è attaccare qualche altro posto che sarà obbligato a dare il cambio.

12. Se non vogliamo combattere, possiamo impedire al nemico di ingaggiarci anche se le linee del nostro accampamento sono solo tracciate sul terreno. Tutto quello che dobbiamo fare è lanciare qualcosa di strano e inspiegabile sulla sua strada.

13. Scoprendo le disposizioni del nemico e rimanendo noi stessi invisibili, possiamo mantenere concentrate le nostre forze, mentre quelle del nemico devono essere divise.

14. Possiamo formare un unico corpo unito, mentre il nemico deve dividersi in frazioni. Quindi ci sarà un tutto contrapposto a parti separate di un tutto, il che significa che saremo molti per i pochi del nemico.

15. E se riusciamo così ad attaccare una forza inferiore con una superiore, i nostri avversari saranno in gravi difficoltà.

16. Il luogo in cui intendiamo combattere non deve essere reso noto; perché allora il nemico dovrà prepararsi contro un possibile attacco in più punti diversi; e essendo le sue forze così distribuite in molte direzioni, i numeri che dovremo affrontare in un dato punto saranno proporzionalmente pochi.

17. Perché se il nemico rafforza il suo furgone, indebolirà la sua retroguardia; se rafforza la sua retroguardia, indebolirà il suo furgone; se rafforza la sua sinistra, indebolirà la sua destra; se rafforza la sua destra, indebolirà la sua sinistra. Se manda rinforzi ovunque, sarà ovunque debole.

18. La debolezza numerica deriva dal doversi preparare contro possibili attacchi; forza numerica, dal costringere il nostro avversario a fare questi preparativi contro di noi.

19. Conoscendo il luogo e l'ora della battaglia imminente, possiamo concentrarci dalle più grandi distanze per combattere.

20. Ma se non si conosce nè il tempo nè il luogo, allora l'ala sinistra sarà impotente a soccorrere la destra, la destra altrettanto impotente a soccorrere la sinistra, l'avanguardia incapace di dare il cambio alla retroguardia, o la retroguardia a sostenere l'avanguardia. Tanto più se le porzioni più lontane dell'esercito sono separate da meno di cento Li, e anche le più vicine sono separate da diversi Li!

21. Anche se, secondo la mia stima, i soldati di Yüeh superano i nostri in numero, ciò non gioverà loro in termini di vittoria. Dico allora che la vittoria può essere raggiunta.

22. Anche se il nemico è più numeroso, potremmo impedirgli di combattere. Piano per scoprire i suoi piani e la probabilità del loro successo.

23. Sveglialo e impara il principio della sua attività o inattività. Costringilo a rivelarsi, così da scoprire i suoi punti deboli.

24. Confronta attentamente l'esercito avversario con il tuo, in modo da poter sapere dove la forza è sovrabbondante e dove è carente.

25. Nel prendere disposizioni tattiche, il massimo livello che puoi raggiungere è nasconderle; nascondi le tue disposizioni e sarai al sicuro dagli indiscreti delle spie più sottili, dalle macchinazioni dei cervelli più saggi.

26. In che modo la vittoria può essere prodotta per loro dalla tattica stessa del nemico: questo è ciò che la moltitudine non può comprendere.

27. Tutti gli uomini possono vedere le tattiche con cui vinco, ma ciò che nessuno può vedere è la strategia da cui si evolve la vittoria.

28. Non ripetere le tattiche che ti hanno procurato una vittoria, ma lascia che i tuoi metodi siano regolati dall'infinita varietà delle circostanze.

29. Le tattiche militari sono come l'acqua; poiché l'acqua nel suo corso naturale scorre via dai luoghi alti e si affretta verso il basso.

30. Quindi in guerra, la via è evitare ciò che è forte e colpire ciò che è debole.

31. L'acqua modella il suo corso secondo la natura del terreno su cui scorre; il soldato elabora la sua vittoria in relazione al nemico che ha di fronte.

32. Pertanto, proprio come l'acqua non mantiene una forma costante, così in guerra non ci sono condizioni costanti.

33. Colui che può modificare la sua tattica in relazione al suo avversario e riuscire così a vincere, può essere chiamato un capitano nato dal cielo.

34. I cinque elementi non sono sempre ugualmente predominanti; le quattro stagioni si fanno strada a turno. Ci sono giorni brevi e lunghi; la luna ha i suoi periodi di calante e crescente.

# Capitolo

# 7 Manovra

1. Sun Tzu ha detto: In guerra, il generale riceve i suoi comandi dal sovrano.
2. Dopo aver raccolto un esercito e concentrato le sue forze, deve fondere e armonizzare i diversi elementi prima di piantare il campo.
3. Dopodiché, vengono le manovre tattiche, delle quali non c'è niente di più difficile. La difficoltà delle manovre tattiche consiste nel trasformare il subdolo in diretto e la sfortuna in guadagno.
4. Così, prendere un percorso lungo e tortuoso, dopo aver attirato il nemico fuori strada, e pur partendo dietro di lui, per riuscire a raggiungere la meta davanti a lui, mostra la conoscenza dell'artificio della *deviazione*.
5. Manovrare con un esercito è vantaggioso; con una moltitudine indisciplinata, pericolosissima.
6. Se metti in marcia un esercito completamente equipaggiato per ottenere un vantaggio, è probabile che sia troppo tardi. D'altra parte, staccare una colonna volante allo scopo comporta il sacrificio del suo bagaglio e delle sue provviste.
7. Così, se ordini ai tuoi uomini di arrotolarsi i buff e di fare marce forzate senza fermarsi né di giorno né di notte, coprendo il doppio della solita distanza in un tratto, facendo cento Li per ottenere un vantaggio, i capi di tutti i tuoi tre divisioni cadranno nelle mani del nemico.
8. Gli uomini più forti saranno davanti, quelli stanchi rimarranno indietro, e su questo piano solo un decimo del tuo esercito raggiungerà la sua destinazione.
9. Se marci cinquanta Li per superare in astuzia il nemico, perderai il capo della tua prima divisione e solo metà delle tue forze raggiungerà l'obiettivo.
10. Se fai marciare trenta Li con lo stesso oggetto, arriveranno due terzi del tuo esercito.
11. Possiamo quindi presumere che un esercito senza la sua salmeria sia perduto; senza provviste è perduto; senza basi di rifornimento è perduto.
12. Non possiamo stringere alleanze finché non conosciamo i disegni dei nostri vicini.
13. Non siamo adatti a guidare un esercito in marcia se non conosciamo il volto del paese: le sue montagne e foreste, le sue insidie e precipizi, le sue paludi e acquitrini.
14. Non saremo in grado di sfruttare i vantaggi naturali a meno che non ci avvaliamo di guide locali.
15. In guerra, pratica la dissimulazione e avrai successo. Muoviti solo se c'è un vero vantaggio da ottenere.
16. Se concentrare o dividere le tue truppe, deve essere deciso dalle circostanze.
17. Lascia che la tua rapidità sia quella del vento, la tua compattezza quella della foresta.
18. Nell'incursione e nel saccheggio sii come il fuoco, nell'immobilità come una montagna.
19. Lascia che i tuoi piani siano oscuri e impenetrabili come la notte, e quando ti muovi, cadi come un fulmine.
20. Quando saccheggi una campagna, lascia che il bottino sia diviso tra i tuoi uomini; quando conquisti un nuovo territorio, taglialo in lotti a beneficio dei soldati.
21. Rifletti e rifletti prima di fare una mossa.
22. Vincerà chi ha imparato l'artificio della deviazione. Tale è l'arte di manovrare.
23. Il Book of Army Management dice: Sul campo di battaglia, la parola parlata non va abbastanza lontano: da qui l'istituzione di gong e tamburi. Né gli oggetti ordinari possono essere visti abbastanza chiaramente: da qui l'istituzione di stendardi e bandiere.
24. Gong e tamburi, stendardi e bandiere sono mezzi con cui le orecchie e gli occhi dell'ospite possono essere focalizzati su un punto particolare.
25. L'esercito formando così un unico corpo unito, è impossibile sia per il coraggioso avanzare da solo, sia per il codardo ritirarsi da solo. Questa è l'arte di gestire grandi masse di uomini.

26. Nel combattimento notturno, quindi, fai molto uso di segnali di fuoco e tamburi, e nel combattimento di giorno, di bandiere e stendardi, come mezzo per influenzare le orecchie e gli occhi del tuo esercito.
27. Un intero esercito può essere derubato del suo spirito; un comandante in capo può essere derubato della sua presenza di spirito.
28. Ora lo spirito di un soldato è più acuto al mattino; a mezzogiorno ha cominciato a calare; e la sera pensa solo al ritorno al campo.
29. Un generale intelligente, quindi, evita un esercito quando il suo spirito è acuto, ma lo attacca quando è pigro e incline a tornare. Questa è l'arte di studiare gli stati d'animo.
30. Disciplinato e calmo, per attendere l'apparizione del disordine e della confusione tra il nemico: - questa è l'arte di mantenere il controllo di sé.
31. Essere vicini alla meta mentre il nemico è ancora lontano da essa, attendere tranquilli mentre il nemico fatica e lotta, nutrirsi bene mentre il nemico è affamato: questa è l'arte di gestire le proprie forze.
32. Astenersi dall'intercettare un nemico i cui stendardi sono in perfetto ordine, astenersi dall'attaccare un esercito schierato in ordine calmo e fiducioso: — questa è l'arte di studiare le circostanze.
33. È un assioma militare non avanzare in salita contro il nemico, né opporsi a lui quando scende.
34. Non inseguire un nemico che simula il volo; non attaccare i soldati il cui temperamento è acuto.
35. Non ingoiare l'esca offerta dal nemico. Non interferire con un esercito che sta tornando a casa.
36. Quando circondi un esercito, lascia libero uno sbocco. Non pressare troppo un nemico disperato.
37. Tale è l'arte della guerra.

# 8 Variazione nelle tattiche

1. Sun Tzu disse: In guerra, il generale riceve i suoi comandi dal sovrano, raccoglie il suo esercito e concentra le sue forze

2. Quando sei in un paese difficile, non accamparti. Nel paese in cui le strade principali si intersecano, unisciti ai tuoi alleati. Non sostare in posizioni pericolosamente isolate. In situazioni di ristrettezza, devi ricorrere a stratagemmi. In una posizione disperata, devi combattere.

3. Ci sono strade che non devono essere seguite, eserciti che non devono essere attaccati, città che non devono essere assediate, posizioni che non devono essere contestate, comandi del sovrano a cui non devono essere obbediti.

4. Il generale che comprende a fondo i vantaggi che accompagnano la variazione delle tattiche sa come maneggiare le sue truppe.

5. Il generale che non le capisce, può conoscere bene la configurazione del paese, ma non sarà in grado di trasformare le sue conoscenze in un conto pratico.

6. Quindi, lo studente di guerra che non è esperto nell'arte di variare i suoi piani, anche se conosce i Cinque Vantaggi, non riuscirà a fare il miglior uso dei suoi uomini.

7. Quindi nei piani del saggio leader, le considerazioni di vantaggio e di svantaggio saranno mescolate insieme.

8. Se la nostra aspettativa di vantaggio viene mitigata in questo modo, potremmo riuscire a realizzare la parte essenziale dei nostri schemi.

9. Se, invece, in mezzo alle difficoltà siamo sempre pronti a cogliere un vantaggio, possiamo districarci dalla sventura.

10. Ridurre i capi nemici infliggendo loro danni; crea loro problemi e tienili costantemente impegnati; resistere a speciose seduzioni e farle precipitare in un dato punto.

11. L'arte della guerra ci insegna a fare affidamento non sulla probabilità che il nemico non venga, ma sulla nostra disponibilità a riceverlo; non sulla possibilità che non attacchi, ma piuttosto sul fatto che abbiamo reso la nostra posizione inattaccabile.

12. Ci sono cinque guasti pericolosi che possono influenzare un generale:

(1) Incoscienza, che porta alla distruzione;

(2) codardia, che porta alla cattura;

(3) un temperamento frettoloso, che può essere provocato da insulti;

(4) una delicatezza d'onore che è sensibile alla vergogna;

(5) sollecitudine eccessiva per i suoi uomini, che lo espone a preoccupazioni e guai.

13. Questi sono i cinque peccati assillanti di un generale, rovinosi per la condotta della guerra.

14. Quando un esercito viene rovesciato e il suo capo ucciso, la causa si troverà sicuramente in queste cinque pericolose colpe. Lascia che siano oggetto di meditazione.

# Capitolo

# 9 L'esercito in marcia

1. Sun Tzu disse: Veniamo ora alla questione dell'accampamento dell'esercito e dell'osservazione dei segni del nemico. Supera velocemente i monti e tieniti vicino alle valli.
2. Accampati in luoghi alti, di fronte al sole. Non salire in alto per combattere. Questo per quanto riguarda la guerra di montagna.
3. Dopo aver attraversato un fiume, dovresti allontanarti da esso.
4. Quando una forza d'invasione attraversa un fiume nella sua marcia in avanti, non avanzare per incontrarla a metà del fiume. Sarà meglio far passare metà dell'esercito e poi sferrare il tuo attacco.
5. Se sei ansioso di combattere, non dovresti andare incontro all'invasore vicino a un fiume che deve attraversare.
6. Ormeggia la tua imbarcazione più in alto rispetto al nemico e di fronte al sole. Non risalire la corrente per incontrare il nemico. Questo per quanto riguarda la guerra fluviale.
7. Nell'attraversare le paludi salmastre, la tua unica preoccupazione dovrebbe essere quella di superarle rapidamente, senza alcun ritardo.
8. Se sei costretto a combattere in una palude salata, dovresti avere acqua ed erba vicino a te e dare le spalle a un gruppo di alberi. Alla faccia delle operazioni nelle saline.
9. In un paese asciutto e pianeggiante, prendi una posizione facilmente accessibile con terreno in salita alla tua destra e dietro, in modo che il pericolo possa essere davanti e la sicurezza dietro. Questo per quanto riguarda la campagna elettorale in pianura.
10. Questi sono i quattro rami utili del sapere militare che permisero all'Imperatore Giallo di sconfiggere quattro diversi sovrani.
11. Tutti gli eserciti preferiscono le alture alle basse e i luoghi soleggiati all'oscurità.
12. Se stai attento ai tuoi uomini e ti accampi su un terreno duro, l'esercito sarà libero da malattie di ogni tipo e questo segnerà la vittoria.
13. Quando arrivi a una collina o a una sponda, occupa il lato soleggiato, con il pendio alla tua destra posteriore. Così agirai subito a beneficio dei tuoi soldati e utilizzerai i vantaggi naturali del terreno.
14. Quando, a causa di forti piogge in campagna, un fiume che desideri guadare è gonfio e macchiato di schiuma, devi aspettare che si calmi.
15. I paesi in cui vi sono dirupi scoscesi attraversati da torrenti, profondi avvallamenti naturali, luoghi ristretti, boschetti intricati, pantani e crepacci, dovrebbero essere lasciati con tutta la velocità possibile e non avvicinati.
16. Mentre ci teniamo lontani da tali luoghi, dovremmo convincere il nemico ad avvicinarsi ad essi; mentre li affrontiamo, dovremmo lasciare che il nemico li tenga alle sue spalle.
17. Se nelle vicinanze del tuo accampamento ci fosse qualche regione collinare, stagni circondati da erbe acquatiche, bacini cavi pieni di canne o boschi con fitto sottobosco, devono essere accuratamente sradicati e perlustrati; perché questi sono luoghi in cui è probabile che siano in agguato uomini in agguato o spie insidiose.
18. Quando il nemico è a portata di mano e rimane tranquillo, fa affidamento sulla forza naturale della sua posizione.
19. Quando si tiene in disparte e cerca di provocare una battaglia, è ansioso che l'altra parte avanzi.
20. Se il suo luogo di accampamento è di facile accesso, sta offrendo un'esca.
21. Il movimento tra gli alberi di una foresta mostra che il nemico sta avanzando. La comparsa di una serie di schermi in mezzo all'erba folta significa che il nemico vuole insospettirci.

22. Il levarsi degli uccelli nel loro volo è il segno di un'imboscata. Le bestie spaventate indicano che sta arrivando un attacco improvviso.
23. Quando c'è polvere che si alza in un'alta colonna, è il segno dei carri che avanzano; quando la polvere è bassa, ma sparsa su una vasta area, preannuncia l'avvicinarsi della fanteria. Quando si dirama in direzioni diverse, mostra che sono state inviate delle squadre a raccogliere legna da ardere. Qualche nuvola di polvere che si muove avanti e indietro significa che l'esercito è accampato.
24. Parole umili e maggiori preparativi sono segni che il nemico sta per avanzare. Il linguaggio violento e la spinta in avanti come per l'attacco sono segni che si ritirerà.
25. Quando i carri leggeri escono per primi e prendono posizione sulle ali, è segno che il nemico si sta preparando per la battaglia.
26. Le proposte di pace non accompagnate da un patto giurato indicano un complotto.
27. Quando c'è molto movimento e i soldati scendono di rango, significa che il momento critico è arrivato.
28. Quando si vedono alcuni avanzare e altri indietreggiare, è un'esca.
29. Quando i soldati si appoggiano alle loro lance, sono deboli per la mancanza di cibo.
30. Se coloro che sono mandati ad attingere acqua cominciano a bere loro stessi, l'esercito soffre la sete.
31. Se il nemico vede un vantaggio da ottenere e non fa alcuno sforzo per ottenerlo, i soldati sono esausti.
32. Se gli uccelli si radunano in un punto qualsiasi, non è occupato. Il clamore notturno preannuncia nervosismo.
33. Se c'è disordine nel campo, l'autorità del generale è debole. Se gli stendardi e le bandiere vengono spostati, la sedizione è in corso. Se gli ufficiali sono arrabbiati, significa che gli uomini sono stanchi.
34. Quando un esercito nutre i suoi cavalli con il grano e uccide il suo bestiame per il cibo, e quando gli uomini non appendono le loro pentole sui fuochi del campo, mostrando che non torneranno alle loro tende, puoi sapere che sono determinati a combattere fino alla morte.
35. La vista di uomini che bisbigliano insieme in piccoli gruppetti o parlano in tono sommesso indica disaffezione tra i ranghi.
36. Ricompense troppo frequenti significano che il nemico è allo stremo delle sue risorse; troppe punizioni tradiscono una condizione di grave angoscia.
37. Cominciare con spacconate, ma poi spaventarsi per il numero del nemico, mostra una suprema mancanza di intelligenza.
38. Quando vengono inviati inviati con complimenti in bocca, è segno che il nemico desidera una tregua.
39. Se le truppe nemiche avanzano con rabbia e restano a lungo di fronte alle nostre senza entrare in battaglia né ripartire, la situazione è tale da richiedere grande vigilanza e circospezione.
40. Se le nostre truppe non sono più numerose del nemico, ciò è ampiamente sufficiente; significa solo che non è possibile effettuare alcun attacco diretto. Quello che possiamo fare è semplicemente concentrare tutta la nostra forza disponibile, tenere d'occhio il nemico e ottenere rinforzi.
41. Colui che non esercita alcuna previdenza ma prende alla leggera i suoi avversari è sicuro di essere catturato da loro.
42. Se i soldati vengono puniti prima che si siano affezionati a te, non si dimostreranno sottomessi; e, a meno che non siano sottomessi, saranno praticamente inutili. Se, quando i soldati si sono affezionati a te, le punizioni non vengono applicate, saranno comunque inutili.
43. Perciò i soldati devono essere trattati in prima istanza con umanità, ma tenuti sotto controllo mediante una ferrea disciplina. Questa è una certa strada per la vittoria.
44. Se nell'addestramento i comandi dei soldati vengono abitualmente applicati, l'esercito sarà ben disciplinato; in caso contrario, la sua disciplina sarà cattiva.
45. Se un generale mostra fiducia nei suoi uomini ma insiste sempre affinché i suoi ordini vengano obbediti, il guadagno sarà reciproco.

# Capitolo

# 10 Terreno

1. Sun Tzu disse: Possiamo distinguere sei tipi di terreno, vale a dire: (1) terreno accessibile; (2) terreno intricato; (3) terreno provvisorio; (4) passaggi stretti; (5) altezze precipitose; (6) posizioni a grande distanza dal nemico.
2. Un terreno che può essere liberamente attraversato da entrambi i lati è detto *accessibile*.
3. Riguardo a un terreno di questa natura, sii avanti al nemico occupando i luoghi elevati e soleggiati e custodisci attentamente la tua linea di rifornimenti. Allora sarai in grado di combattere con vantaggio.
4. Il terreno che può essere abbandonato ma è difficile da rioccupare è chiamato *impigliamento*.
5. Da una posizione di questo tipo, se il nemico è impreparato, puoi lanciarti e sconfiggerlo. Ma se il nemico è preparato per la tua venuta e non riesci a sconfiggerlo, allora, essendo impossibile il ritorno, ne seguirà il disastro.
6. Quando la posizione è tale che nessuna delle due parti guadagnerà facendo la prima mossa, si parla di *temporizzazione*.
7. In una situazione del genere, anche se il nemico ci offrisse un'esca allettante, sarà opportuno non muoversi, ma piuttosto ritirarsi, attirando così a sua volta il nemico; poi, quando una parte del suo esercito sarà uscita, potremo sferrare il nostro attacco con vantaggio.
8. Per quanto riguarda *i passi stretti*, se puoi occuparli prima, che siano fortemente presidiati e attendi l'avvento del nemico.
9. Se il nemico ti previene nell'occupare un passo, non inseguirlo se il passo è completamente presidiato, ma solo se è debolmente presidiato.
10. Per quanto riguarda *le altezze scoscese*, se sei in anticipo con il tuo avversario, dovresti occupare i luoghi elevati e soleggiati, e lì aspettare che venga su.
11. Se il nemico li ha occupati prima di te, non seguirlo, ma ritirati e cerca di attirarlo via.
12. Se ti trovi a grande distanza dal nemico, e la forza dei due eserciti è uguale, non è facile provocare una battaglia, e combattere sarà a tuo svantaggio.
13. Questi sei sono i principi connessi con la Terra. Il generale che ha raggiunto un posto di responsabilità deve aver cura di studiarli.
14. Ora un esercito è esposto a sei diverse calamità, non derivanti da cause naturali, ma da colpe di cui è responsabile il generale. Questi sono: (1) Volo; (2) insubordinazione; (3) crollo; (4) rovina; (5) disorganizzazione; (6) rotta.
15. A parità di altre condizioni, se una forza viene scagliata contro un'altra dieci volte più grande, il risultato sarà la *fuga* della prima.
16. Quando i soldati semplici sono troppo forti ei loro ufficiali troppo deboli, il risultato è *l'insubordinazione*. Quando gli ufficiali sono troppo forti ei soldati semplici troppo deboli, il risultato è *il collasso*.
17. Quando gli ufficiali superiori sono arrabbiati e insubordinati, e incontrando il nemico danno battaglia per proprio conto per un sentimento di risentimento, prima che il comandante in capo possa dire se è o meno in grado di combattere, il risultato è la *rovina*.
18. Quando il generale è debole e senza autorità; quando i suoi ordini non sono chiari e distinti; quando non ci sono compiti fissi assegnati a ufficiali e uomini, e i ranghi sono formati in modo sciatto e casuale, il risultato è una totale *disorganizzazione*.
19. Quando un generale, incapace di stimare la forza del nemico, permette a una forza inferiore di ingaggiarne una più grande, o scaglia un debole distaccamento contro uno potente, e trascura di mettere soldati scelti in prima fila, il risultato deve essere una *disfatta*.

20. Questi sono sei modi di corteggiare la sconfitta, che devono essere attentamente notati dal generale che ha raggiunto un posto di responsabilità.
21. La formazione naturale del paese è il miglior alleato del soldato; ma la capacità di stimare l'avversario, di controllare le forze della vittoria, e di calcolare abilmente le difficoltà, i pericoli e le distanze, costituisce la prova di un grande Generale.
22. Chi conosce queste cose, e combattendo mette in pratica le sue conoscenze, vincerà le sue battaglie. Chi non le conosce, né le pratica, sarà sicuramente sconfitto.
23. Se il combattimento porterà sicuramente alla vittoria, allora devi combattere, anche se il sovrano lo proibisce; se il combattimento non porterà alla vittoria, allora non devi combattere nemmeno su ordine del sovrano.
24. Il generale che avanza senza bramare la fama e si ritira senza temere la disgrazia, il cui unico pensiero è proteggere la sua patria e rendere un buon servizio al suo sovrano, è il gioiello del regno.
25. Considera i tuoi soldati come tuoi figli, ed essi ti seguiranno nelle valli più profonde; considerali come i tuoi figli prediletti, ed essi ti staranno accanto fino alla morte.
26. Se invece sei indulgente, ma incapace di far sentire la tua autorità; di buon cuore, ma incapace di far rispettare i tuoi comandi; e incapaci, inoltre, di sedare il disordine: allora i tuoi soldati devono essere paragonati a bambini viziati; sono inutili per qualsiasi scopo pratico.
27. Se sappiamo che i nostri uomini sono in condizione di attaccare, ma non ci rendiamo conto che il nemico non è aperto all'attacco, siamo andati solo a metà strada verso la vittoria.
28. Se sappiamo che il nemico è aperto all'attacco, ma non ci rendiamo conto che i nostri uomini non sono in condizione di attaccare, siamo andati solo a metà strada verso la vittoria.
29. Se sappiamo che il nemico è aperto all'attacco, e sappiamo anche che i nostri uomini sono in condizione di attaccare, ma ignorano che la natura del terreno rende impraticabile il combattimento, siamo comunque andati solo a metà strada verso la vittoria.
30. Quindi il soldato esperto, una volta in movimento, non è mai smarrito; una volta che ha rotto il campo, non è mai perplesso.
31. Da qui il detto: Se conosci il nemico e conosci te stesso, la tua vittoria non sarà messa in dubbio; se conosci il Cielo e conosci la Terra, puoi completare la tua vittoria.

# 11 Le nove situazioni

1. Sun Tzu disse: L'arte della guerra riconosce nove varietà di terreno: (1) terreno dispersivo; (2) terreno facile; (3) motivo controverso; (4) terreno aperto; (5) terreno di autostrade che si intersecano; (6) motivo grave; (7) terreno difficile; (8) terreno recintato; (9) terreno disperato.
2. Quando un capo sta combattendo nel proprio territorio, è un *terreno dispersivo* .
3. Quando è penetrato in territorio ostile, ma a poca distanza, è *terreno facile* .
4. Il terreno il cui possesso porta grande vantaggio a entrambe le parti è *motivo di contenzioso* .
5. Il terreno su cui ciascuna parte ha libertà di movimento è *terreno aperto* .
6. Un terreno che costituisce la chiave di tre stati contigui, in modo che chi lo occupa per primo ha al suo comando la maggior parte dell'Impero, è un *terreno di autostrade che si intersecano* .
7. Quando un esercito è penetrato nel cuore di un paese ostile, lasciando alle sue spalle un certo numero di città fortificate, è un *terreno serio* .
8. Foreste montane, aspri pendii, paludi e acquitrini: tutto un paese difficile da attraversare: questo è un *terreno difficile* .
9. Terra che si raggiunge per strette gole, e dalla quale ci si può ritirare solo per tortuosi sentieri, tanto che basterebbe un piccolo numero di nemici a schiacciare un grosso corpo dei nostri uomini: questa è terra *cinta* .
10. Un terreno sul quale possiamo salvarci dalla distruzione solo combattendo senza indugio, è un *terreno disperato* .
11. Su un terreno dispersivo, quindi, non combattere. Su un terreno facile, non fermarti. Su un terreno contenzioso, non attaccare.
12. In campo aperto, non cercare di bloccare la strada del nemico. Sul terreno delle autostrade che si intersecano, unisciti ai tuoi alleati.
13. Su un terreno serio, raccogli in saccheggio. In un terreno difficile, mantieni una marcia costante.
14. Su un terreno angusto, ricorrere allo stratagemma. Su un terreno disperato, combatti.
15. Coloro che erano chiamati abili capi dell'antichità sapevano come creare un cuneo tra la parte anteriore e posteriore del nemico; impedire la cooperazione tra le sue grandi e piccole divisioni; per impedire alle buone truppe di salvare le cattive, agli ufficiali di radunare i loro uomini.
16. Quando gli uomini del nemico erano dispersi, impedivano loro di concentrarsi; anche quando le loro forze erano unite, riuscirono a tenerle in disordine.
17. Quando era a loro vantaggio, hanno fatto una mossa in avanti; quando altrimenti, si fermavano immobili.
18. Se mi viene chiesto come affrontare una grande schiera di nemici in ordine e sul punto di marciare all'attacco, direi: "Inizia afferrando qualcosa che il tuo avversario ha di caro; allora sarà suscettibile alla tua volontà.
19. La rapidità è l'essenza della guerra: approfitta dell'impreparazione del nemico, fatti strada per percorsi inaspettati e attacca punti indifesi.
20. I seguenti sono i principi che devono essere osservati da una forza d'invasione: quanto più penetrerai in un paese, tanto maggiore sarà la solidarietà delle tue truppe, e quindi i difensori non prevarranno contro di te.
21. Fai incursioni in un paese fertile per rifornire di cibo il tuo esercito.
22. Studia attentamente il benessere dei tuoi uomini e non sovraccaricarli. Concentra la tua energia e accumula la tua forza. Mantieni il tuo esercito continuamente in movimento e escogita piani insondabili.

23. Getta i tuoi soldati in posizioni da cui non c'è scampo e preferiranno la morte alla fuga. Se affronteranno la morte, non c'è nulla che non possano ottenere. Ufficiali e uomini allo stesso modo metteranno in campo la loro massima forza.

24. I soldati quando si trovano in difficoltà disperate perdono il senso della paura. Se non c'è un luogo di rifugio, rimarranno saldi. Se si trovano in un paese ostile, mostreranno un fronte testardo. Se non c'è aiuto per questo, combatteranno duramente.

25. Così, senza aspettare di essere schierati, i soldati saranno costantemente sul qui vive; senza aspettare che sia chiesto, faranno la tua volontà; senza restrizioni, saranno fedeli; senza dare ordini, ci si può fidare.

26. Proibisci la presa di presagi e sbaraglia i dubbi superstiziosi. Quindi, finché non venga la morte stessa, non c'è da temere alcuna calamità.

27. Se i nostri soldati non sono oberati di denaro, non è perché abbiano avversione per le ricchezze; se la loro vita non è eccessivamente lunga, non è perché sono poco inclini alla longevità.

28. Il giorno in cui riceveranno l'ordine di combattere, i tuoi soldati potranno piangere, quelli seduti bagnandosi le vesti e quelli sdraiati lasciando che le lacrime scorrano sulle loro guance. Ma lasciate che siano messi a tacere una volta, e mostreranno il coraggio di un Chu o di un Kuei.

29. L'abile tattico può essere paragonato allo shuai-jan. Ora lo shuai-jan è un serpente che si trova nelle montagne Ch'ang. Colpiscilo alla testa e sarai attaccato dalla sua coda; colpisci la sua coda e sarai attaccato dalla sua testa; colpiscilo al centro e verrai attaccato sia dalla testa che dalla coda.

30. Alla domanda se si può creare un esercito per imitare lo shuai-jan, dovrei rispondere di sì. Perché gli uomini di Wu e gli uomini di Yüeh sono nemici; tuttavia, se stanno attraversando un fiume sulla stessa barca e vengono sorpresi da una tempesta, si sosterranno a vicenda proprio come la mano sinistra aiuta la destra.

31. Quindi non basta riporre la propria fiducia nel legare i cavalli e nel seppellire le ruote dei carri nel terreno

32. Il principio su cui dirigere un esercito è stabilire uno standard di coraggio che tutti devono raggiungere.

33. Come trarre il meglio sia dal forte che dal debole: questa è una questione che riguarda l'uso corretto del terreno.

34. Così l'abile generale conduce il suo esercito come se, volente o nolente, guidasse per mano un solo uomo.

35. È compito di un generale tacere e quindi garantire il segreto; retti e giusti, e mantenere così l'ordine.

36. Deve essere in grado di confondere i suoi ufficiali e uomini con false notizie e apparenze, e tenerli così nella totale ignoranza.

37. Alterando le sue disposizioni e cambiando i suoi piani, mantiene il nemico senza una conoscenza precisa. Spostando il suo accampamento e prendendo percorsi tortuosi, impedisce al nemico di anticipare il suo scopo.

38. Nel momento critico, il capo di un esercito si comporta come uno che si è arrampicato su un'altura e poi calcia via la scala dietro di sé. Porta i suoi uomini in profondità nel territorio ostile prima di mostrare la sua mano.

39. Brucia le sue barche e rompe le sue pentole; come un pastore che guida un gregge di pecore, guida i suoi uomini di qua e di là, e nessuno sa dove va.

40. Radunare il suo ospite e metterlo in pericolo: questo può essere definito compito del generale.

41. Le diverse misure adatte alle nove varietà di terreno; l'opportunità di tattiche aggressive o difensive; e le leggi fondamentali della natura umana: queste sono cose che vanno certamente studiate.

42. Quando si invade un territorio ostile, il principio generale è che penetrare in profondità porta coesione; penetrare ma per un breve tratto significa dispersione.

43. Quando ti lasci alle spalle il tuo paese e porti il tuo esercito attraverso il territorio del vicinato, ti ritrovi su un terreno critico. Quando ci sono mezzi di comunicazione su tutti e quattro i lati, il terreno è una delle autostrade che si intersecano.

44. Quando penetri profondamente in un paese, è un terreno serio. Quando ti addentri solo per un po', è un terreno facile.

45. Quando hai le roccaforti nemiche alle spalle e stretti passaggi davanti, è terra cintata. Quando non c'è alcun luogo di rifugio, è un terreno disperato.

46. Pertanto, su un terreno dispersivo, ispirerei i miei uomini con unità di intenti. Su un terreno facile, vedrei che c'è una stretta connessione tra tutte le parti del mio esercito.

47. Su un terreno controverso, mi affretterei alle spalle.

48. In campo aperto, terrei un occhio vigile sulle mie difese. Sul terreno delle autostrade che si intersecano, consoliderei le mie alleanze.

49. Su un terreno serio, cercherei di garantire un flusso continuo di rifornimenti. Su un terreno difficile, continuerei a spingere lungo la strada.

50. Su un terreno recintato, bloccherei qualsiasi via di ritirata. Su un terreno disperato, proclamerei ai miei soldati la disperazione di salvare le loro vite.

51. Perché è disposizione del soldato resistere ostinatamente quando è circondato, combattere duramente quando non può farne a meno e obbedire prontamente quando è caduto in pericolo.

52. Non possiamo allearci con i principi vicini finché non conosciamo i loro disegni. Non siamo adatti a guidare un esercito in marcia se non conosciamo il volto del paese: le sue montagne e foreste, le sue insidie e precipizi, le sue paludi e acquitrini. Non saremo in grado di sfruttare i vantaggi naturali a meno che non ci avvaliamo di guide locali.

53. Ignorare uno qualsiasi dei seguenti quattro o cinque principi non si addice a un principe guerriero.

54. Quando un principe guerriero attacca uno stato potente, il suo comando si mostra nell'impedire la concentrazione delle forze nemiche. Egli intimorisce i suoi avversari e ai loro alleati viene impedito di unirsi contro di lui.

55. Quindi non si sforza di allearsi con tutti quanti, né promuove il potere di altri stati. Porta avanti i suoi piani segreti, tenendo in soggezione i suoi antagonisti. Così è in grado di catturare le loro città e rovesciare i loro regni.

56. Conferire ricompense senza tener conto delle regole, impartire ordini senza tener conto degli accordi precedenti; e sarai in grado di gestire un intero esercito come se avessi a che fare con un solo uomo.

57. Affronta i tuoi soldati con l'atto stesso; non far loro mai conoscere il tuo progetto. Quando la prospettiva è luminosa, portala davanti ai loro occhi; ma non dire loro nulla quando la situazione è cupa.

58. Metti il tuo esercito in pericolo mortale e sopravviverà; immergilo in difficoltà disperate e ne uscirà sano e salvo.

59. Perché è proprio quando una forza è caduta in pericolo che è in grado di sferrare un colpo per la vittoria.

60. Il successo in guerra si ottiene adattandosi attentamente allo scopo del nemico.

61. Aggrappandoci costantemente al fianco del nemico, alla lunga riusciremo a uccidere il comandante in capo.

62. Questa si chiama capacità di realizzare una cosa con pura astuzia.

63. Il giorno in cui assumerai il tuo comando, blocca i valichi di frontiera, distruggi i registri ufficiali e blocca il passaggio di tutti gli emissari.

64. Sii severo nella sala del consiglio, in modo da poter controllare la situazione.

65. Se il nemico lascia una porta aperta, devi precipitarti dentro.

66. Previeni il tuo avversario cogliendo ciò che gli è caro e trova il tempo per arrivare a terra con sottigliezza.

67. Cammina nel percorso definito dalla regola e adattati al nemico finché non puoi combattere una battaglia decisiva.

68. Dapprima, quindi, mostra la timidezza di una fanciulla, finché il nemico non ti apre un varco; poi emula la rapidità di una lepre in corsa, e sarà troppo tardi perché il nemico ti si opponga.

# 12L'attacco del fuoco

1. Sun Tzu ha detto: Ci sono cinque modi di attaccare con il fuoco. Il primo è bruciare i soldati nel loro accampamento; il secondo è bruciare i negozi; il terzo è bruciare le salmerie; il quarto è bruciare arsenali e magazzini; il quinto è lanciare fuoco a caduta tra il nemico.
2. Per effettuare un attacco con il fuoco, dobbiamo avere a disposizione i mezzi. Il materiale per accendere il fuoco dovrebbe essere sempre pronto.
3. C'è una stagione adatta per fare attacchi con il fuoco e giorni speciali per iniziare una conflagrazione.
4. La stagione adatta è quando il clima è molto secco; i giorni speciali sono quelli in cui la luna è nelle costellazioni del Crivello, del Muro, dell'Ala o della Traversa; poiché questi quattro sono tutti giorni di vento che si alza.
5. Nell'attaccare con il fuoco, bisogna essere preparati a incontrare cinque possibili sviluppi:
6. (1) Quando scoppia un incendio all'interno dell'accampamento nemico, rispondi immediatamente con un attacco dall'esterno.
7. (2) Se c'è uno scoppio di fuoco, ma i soldati del nemico rimangono in silenzio, aspetta il tuo tempo e non attaccare.
8. (3) Quando la forza delle fiamme ha raggiunto il suo apice, seguitela con un attacco, se possibile; se no, resta dove sei.
9. (4) Se è possibile sferrare un assalto con il fuoco dall'esterno, non aspettare che scoppi all'interno, ma sferra il tuo attacco in un momento favorevole.
10. (5) Quando accendi un fuoco, sii sopravvento. Non attaccare da sottovento.
11. Un vento che si alza di giorno dura a lungo, ma presto cala una brezza notturna.
12. In ogni esercito bisogna conoscere i cinque sviluppi legati al fuoco, calcolare i movimenti degli astri e tenere la guardia per i giorni prestabiliti.
13. Quindi coloro che usano il fuoco come aiuto all'attacco mostrano intelligenza; coloro che usano l'acqua come aiuto all'attacco ottengono un aumento di forza.
14. Per mezzo dell'acqua, un nemico può essere intercettato, ma non derubato di tutti i suoi averi.
15. Infelice è la sorte di chi cerca di vincere le sue battaglie e di riuscire nei suoi attacchi senza coltivare lo spirito d'impresa; poiché il risultato è una perdita di tempo e una stagnazione generale.
16. Da qui il detto: Il governante illuminato prepara i suoi piani con largo anticipo; il buon generale coltiva le sue risorse.
17. Non muoverti a meno che tu non veda un vantaggio; non usare le tue truppe a meno che non ci sia qualcosa da guadagnare; non combattere a meno che la posizione non sia critica.
18. Nessun sovrano dovrebbe mettere le truppe in campo solo per gratificare il proprio malumore; nessun generale dovrebbe combattere una battaglia semplicemente per risentimento.
19. Se è a tuo vantaggio, fai una mossa in avanti; se no, resta dove sei.
20. Col tempo la collera può trasformarsi in letizia; la vessazione può essere sostituita dal contenuto.
21. Ma un regno che una volta è stato distrutto non può più nascere; né i morti potranno mai essere riportati in vita.
22. Quindi il sovrano illuminato è attento e il buon generale pieno di prudenza. Questo è il modo per mantenere un paese in pace e un esercito intatto.

# Capitolo

# 13 L'uso delle spie

1. Sun Tzu ha detto: Radunare una schiera di centomila uomini e farli marciare per grandi distanze comporta gravi perdite per il popolo e un drenaggio delle risorse dello Stato. La spesa giornaliera ammonterà a mille once d'argento. Ci sarà trambusto in patria e all'estero, e gli uomini scenderanno esausti sulle strade maestre. Ben settecentomila famiglie saranno ostacolate nel loro lavoro.
2. Eserciti nemici possono fronteggiarsi per anni, lottando per la vittoria che si decide in un solo giorno. Stando così le cose, rimanere all'oscuro della condizione del nemico semplicemente perché si serba rancore per l'esborso di cento once d'argento in onori ed emolumenti, è il colmo della disumanità.
3. Chi agisce in questo modo non è un capo di uomini, nessun aiuto presente al suo sovrano, nessun maestro della vittoria.
4. Quindi, ciò che consente al saggio sovrano e al buon generale di colpire e conquistare, e realizzare cose al di là della portata degli uomini comuni, è la *preconoscenza* .
5. Ora, questa prescienza non può essere suscitata dagli spiriti; non può essere ottenuto induttivamente dall'esperienza, né da alcun calcolo deduttivo.
6. La conoscenza delle disposizioni del nemico può essere ottenuta solo da altri uomini.
7. Da qui l'uso delle spie, di cui esistono cinque classi: (1) spie locali; (2) spie interne; (3) spie convertite; (4) spie condannate; (5) spie sopravvissute.
8. Quando questi cinque tipi di spie sono tutti al lavoro, nessuno può scoprire il sistema segreto. Questo si chiama "manipolazione divina dei fili". È la facoltà più preziosa del sovrano.
9. Avere *spie locali* significa avvalersi dei servizi degli abitanti di un quartiere.
10. Avere *spie interne* , avvalersi di ufficiali del nemico.
11. Avere *spie convertite* , impossessarsi delle spie nemiche e usarle per i propri scopi.
12. Avere *spie condannate* , fare certe cose apertamente a scopo di inganno e permettere alle nostre stesse spie di conoscerle e riferirle al nemico.
13. *Le spie sopravvissute* , infine, sono quelle che riportano notizie dal campo nemico.
14. Quindi è che con nessuno in tutto l'esercito si devono intrattenere relazioni più intime che con le spie. Nessuno dovrebbe essere ricompensato più generosamente. In nessun'altra attività dovrebbe essere preservata una maggiore segretezza.
15. Le spie non possono essere utilmente impiegate senza una certa sagacia intuitiva.
16. Non possono essere gestiti correttamente senza benevolenza e franchezza.
17. Senza una sottile ingegnosità mentale, non si può essere certi della verità dei loro rapporti.
18. Sii sottile! sii sottile! e usa le tue spie per ogni tipo di attività.
19. Se una notizia segreta viene divulgata da una spia prima che il tempo sia maturo, deve essere messo a morte insieme all'uomo a cui è stato rivelato il segreto.
20. Che si tratti di schiacciare un esercito, di espugnare una città o di assassinare un individuo, è sempre necessario incominciare a conoscere i nomi degli attendenti, degli aiutanti di campo, dei portinai e delle sentinelle generale al comando. Le nostre spie devono essere incaricate di accertarli.
21. Le spie del nemico che sono venute a spiarci devono essere ricercate, tentate con tangenti, portate via e alloggiate comodamente. Così diventeranno spie convertite e disponibili al nostro servizio.
22. È attraverso le informazioni portate dalla spia convertita che siamo in grado di acquisire e impiegare spie locali e interne.
23. È grazie alle sue informazioni, ancora una volta, che possiamo indurre la spia condannata a portare false notizie al nemico.

24. Infine, è grazie alle sue informazioni che la spia sopravvissuta può essere utilizzata in determinate occasioni.

25. Il fine e lo scopo dello spionaggio in tutte le sue cinque varietà è la conoscenza del nemico; e questa conoscenza può essere derivata, in prima istanza, solo dalla spia convertita. Quindi è essenziale che la spia convertita sia trattata con la massima liberalità.

26. Anticamente, l'ascesa della dinastia Yin fu dovuta a I Chih che aveva servito sotto gli Hsia. Allo stesso modo, l'ascesa della dinastia Chou fu dovuta a Lü Ya che aveva servito sotto lo Yin.

27. Quindi solo il sovrano illuminato e il generale saggio useranno la più alta intelligenza dell'esercito per scopi di spionaggio, e quindi ottengono grandi risultati. Le spie sono un elemento molto importante in guerra, perché da loro dipende la capacità di movimento di un esercito.

[1] Questa edizione, a causa di limitazioni tecniche, utilizza una numerazione semplificata per i capitoli 1 e 2. Correttamente, il paragrafo 5 nel capitolo 1 dovrebbe essere contrassegnato con "5, 6". con i numeri che seguono in sequenza da allora in poi; e il paragrafo 13 nel capitolo 2 dovrebbe essere contrassegnato con "13, 14". con i numeri che seguono in sequenza anche per il resto del capitolo.